细解百姓旺家装修

HOME

李江军 编著

客厅【装修篇】

旺家知识 160多个图文并茂的吉宅贴士

丰富案例 2000多个设计新颖的家居案例

材料注释 2000多个直观详细的材料标注

北京科学技术出版社

图书在版编目（CIP）数据

细解百姓旺家装修．客厅（装修篇）/ 李江军编著．－北京：
北京科学技术出版社，2012.7
ISBN 978-7-5304-5851-8

Ⅰ．①细… Ⅱ．①李… Ⅲ．①住宅－装饰墙－室内
装修－建筑设计－图集 Ⅳ．①TU767-64

中国版本图书馆 CIP 数据核字（2012）第 077177 号

细解百姓旺家装修．客厅（装修篇）

作　　者：李江军　　**责任编辑：**李　媛
版式设计：宜家文化　　**责任印制：**张　良
出 版 人：张敬德　　**出版发行：**北京科学技术出版社
社　　址：北京西直门南大街 16 号　　**邮政编码：**100035
电　　话：0086-10-66161951（总编室）　0086-10-66113227（发行部）　0086-10-66161952（发行部传真）
电子信箱：bjkjpress@163.com　　**网　　址：**www.bkjpress.com
经　　销：新华书店　　**印　　刷：**北京宝隆世纪印刷有限公司
开　　本：635mm×965mm　1/12　　**印　　张：**8
版　　次：2012 年 7 月第 1 版　　**印　　次：**2012 年 7 月第 1 次印刷
ISBN 978-7-5304-5851-8/T·688

定价：26.00 元

细解百姓旺家装修

客厅(装修篇)

CONTENTS

大门直冲客厅宜设玄关

客厅是家中的公开场所，家人聚会或接待宾客都在这里，如果住宅的大门与客厅成一条直线，又没有任何遮挡的话，外面过往的人很容易就能窥探到屋内的一切，破坏了家居生活的私密性。所以，最好在住宅大门入口处稍偏左或偏右的位置设置玄关，让空间和视觉有一个转折，以保证屋内的隐密性。

◎大门忌直冲客厅

◎大门直冲客厅宜设玄关

值得借鉴的旺家案例

◎电视墙 / 红砖刷白　右墙 / 艺术彩绘

◎电视墙 / 木纹大理石 + 墙纸 + 实木线装饰套　沙发墙 / 彩色乳胶漆

◎电视墙 / 皮纹砖 + 木线条收口 + 茶镜　沙发墙 / 彩色乳胶漆套

◎电视墙 / 杉木板背景刷白 + 灰色乳胶漆　沙发墙 / 彩色乳胶漆

◎电视墙 / 弹涂　沙发墙 / 墙纸

◎电视墙 / 墙纸 + 茶镜拼菱形　沙发墙 / 墙纸 + 木饰面板装饰框刷白

◎顶面 / 石膏板嵌黑镜　电视墙 / 木纹大理石 + 墙纸

◎电视墙 / 艺术彩绘　沙发墙 / 墙纸 + 密度板雕花刷白

客厅不宜设在过道范围内

客厅是一家人活动的中心，也是主人接待客人的地方，对环境稳定性的要求自然也比较高。功能规划时不宜将客厅设置在过道范围内，否则不仅给主客的心理上造成不稳定感，而且人员的频繁走动也会成为干扰因素，不利于商谈聚会，影响到家庭成员的和睦团结，也会令主人的人际关系大打折扣。

◎客厅不宜设在过道内（1）

◎客厅不宜设在过道内（2）

值得借鉴的旺家案例

◎电视墙 / 墙纸 + 茶镜 + 实木线装饰套收口

◎电视墙 / 布艺软包 + 木饰面板　沙发墙 / 杉木板凹凸背景刷白

◎电视墙 / 墙纸 + 彩色乳胶漆　沙发墙 / 彩色乳胶漆

◎顶面 / 实木线收边 + 墙纸　电视墙 / 木纹大理石 + 茶镜

◎顶面 / 石膏板嵌茶镜　电视墙 / 洞石 + 茶镜倒角 + 大理石装饰框

◎电视墙 / 彩色乳胶漆 + 墙纸　沙发墙 / 彩色乳胶漆

◎电视墙 / 黑白根大理石 + 灰色烤漆玻璃　沙发墙 / 墙纸

◎电视墙 / 杉木板背景刷白　沙发墙 / 灰色乳胶漆

客厅不宜设在住宅的后方和复式住宅的上一层

住宅的最前方通常是布局客厅的最理想方位，蕴含开门纳气的吉祥寓意，有助于整体家运的昌隆，也能体现出主人堂堂正正、礼待来宾的不凡气度。而位于后方的客厅布局，会造成退财格局，不建议采用。如果是复式设计，那么下层才是设置客厅的理想所在。

◎客厅不宜设在复式住宅的上一层（1）

◎客厅不宜设在复式住宅的上一层（2）

值得借鉴的旺家案例

◎电视墙 / 墙纸 + 木饰面板凹凸背景刷白　沙发墙 / 彩色乳胶漆

◎电视墙 / 墙纸　沙发墙 / 布艺软包

◎顶面 / 石膏板嵌银镜　电视墙 / 米黄大理石倒角 + 墙纸 + 实木线装饰套　沙发墙 / 马赛克

◎顶面 / 石膏板造型　电视墙 / 墙纸 + 茶镜雕花　沙发墙 / 墙纸

◎电视墙 / 墙纸 + 石膏板 + 茶镜　沙发墙 / 弹涂

客厅不宜正对厨房

如果客厅正对着厨房，不仅油烟会殃及客厅的家具，无形中增加主人打扫卫生的负担，而且烧饭菜时的大量烟火、噪声和忙碌的身影也会妨碍在客厅活动的人员，导致烦躁不宁的情绪。解决办法是为厨房安上一道磨砂玻璃门，或者在二者之间采用隔断处理，漂亮的屏风、可以摆放吉祥物的中空型装饰柜都是不错的选择。

◎客厅不宜正对厨房

◎客厅正对厨房宜设玻璃门隔断

值得借鉴的旺家案例

◎电视墙 / 木纹大理石　沙发墙 / 墙纸 + 木饰面板

◎电视墙 / 墙纸 + 木线条 + 夹丝玻璃

◎电视墙 / 墙纸 + 木饰面板凹凸背景刷白　沙发墙 / 墙纸 + 波浪板

◎顶面 / 杉木板吊顶刷白　电视墙 / 墙纸 + 不锈钢装饰扣条

◎电视墙 / 墙纸 + 中式镂空木雕

◎顶面 / 实木角花　电视墙 / 中式木花格贴灰镜 + 墙纸

◎电视墙 / 木纹大理石 + 木线条密排　地面 / 双色仿古砖拼花

◎电视墙 / 石膏板拓缝 + 装饰方柱

客厅不宜正对卫生间

◎客厅直冲卫生间宜做隔断

如果客厅与卫生间相对的话，卫生间的潮气和秽气很容易散发到客厅里面，影响在客厅活动人员的心情和身体健康。而且在传统观念看来，这样还会给家人的运程蒙上一层晦气，对主人事业的发展、人际关系的处理都非常不利。

因此，最好是尽量避免出现这种不利的格局。如果实在无法避免，那么最好的化解方法就是在两者之间安装隔断，起到一定的阻隔作用。另外，平时随手关上卫浴间的门，也能削弱湿气和秽气对客厅的冲击。

值得借鉴的旺家案例

◎电视墙 / 米黄大理石 + 实木线装饰套刷银漆　沙发墙 / 墙纸

◎电视墙 / 墙纸 + 木线条收口

◎电视墙 / 木纹大理石 + 不锈钢装饰条扣黑镜 + 装饰搁板　沙发墙 / 墙纸

◎电视墙 / 大花白大理石斜铺 + 木饰面板装饰框

◎沙发墙 / 杉木板凹凸背景刷白 + 墙纸

◎顶面 / 石膏板造型　电视墙 / 墙纸 + 银镜磨花 + 木线条刷白

◎电视墙 / 墙纸 + 大理石装饰框　沙发墙 / 布艺软包 + 装饰铆钉 + 茶镜拼菱形

◎电视墙 / 墙纸　地面 / 实木地板

◎电视墙 / 木饰面板 + 墙纸 + 实木线装饰套　地面 / 仿古砖

◎电视墙 / 爵士白大理石 + 墙纸　沙发墙 / 彩色乳胶漆

◎电视墙 / 墙纸 + 金属马赛克　沙发墙 / 布艺软包 + 银镜雕花

◎电视墙 / 石膏板 + 墙纸　沙发墙 / 墙纸

◎电视墙 / 大花白大理石 + 银镜雕花　沙发墙 / 墙纸

◎电视墙 / 石膏板 + 墙纸　沙发墙 / 彩色乳胶漆

◎电视墙 / 木纹砖 + 墙纸　沙发墙 / 墙纸

客厅格局宜方正

客厅格局的首选自然是方正，方正蕴含有四平八稳的吉祥寓意，也象征着主人光明正大，心胸开阔。同时客厅在住宅中所处位置要求其必须成为整幢房子最为稳固的一部分，而方形的稳固性刚好是毋容置疑的。如果客厅格局呈长方形（但要避免长边是短边的两倍以上的狭长形），建议在客厅中间设置矮墙或放置屏风、矮柜、吧台等，将其隔成两个独立的空间。

◎客厅格局宜方正

◎客厅呈狭长型宜隔成两个区域

值得借鉴的旺家案例

◎电视墙 / 墙纸 + 波浪板 + 实木线装饰套刷白　沙发墙 / 彩色乳胶漆

◎电视墙 / 仿古砖斜铺 + 灰镜雕花　沙发墙 / 墙纸

◎顶面 / 墙纸　电视墙 / 马赛克拼花 + 大理石装饰框 + 茶镜　电视墙 / 布艺软包 + 茶镜 + 大理石线条

◎电视墙 / 米黄大理石 + 茶镜雕花　沙发墙 / 墙纸

◎顶面 / 石膏浮雕　电视墙 / 仿古砖斜铺 + 银镜拼菱形 + 墙纸

客厅格局不宜呈不规则形

◎客厅呈不规则形通过改变家具的摆放位置来进行弥补

客厅若是采用不规则的形状设计，除去给人感觉不够大气，难以合理设计不说，采光也是难以与方形设计媲美的。而且不规则的形状往往给人心胸狭隘的感觉。要改变这种形状的格局，可以通过改变家具的摆放位置来进行弥补，使客厅在放置了家具以后的剩余空间格局尽量趋于方正。

值得借鉴的旺家案例

◎电视墙／墙纸＋啡网纹大理石

◎电视墙／木饰面板＋墙纸　沙发墙／墙纸

◎电视墙 / 墙纸 + 石膏板拓缝　沙发墙 / 彩色乳胶漆

◎电视墙 / 石膏板造型 + 彩色乳胶漆

◎电视墙 / 墙纸 + 茶镜 + 实木线装饰套刷白

◎电视墙 / 不锈钢装饰条扣木饰面板 + 彩色乳胶漆　沙发墙 / 墙纸

◎电视墙 / 墙纸 + 石膏板造型　沙发墙 / 灰色乳胶漆

◎电视墙 / 墙纸　过道墙 / 密度板雕刻刷白贴黑镜

客厅与卧室之间不宜做通透的隔断

一些小户型的家庭为了扩大空间感，会把卧室和客厅之间的隔墙打掉，换上通透性很强的隔断，其实这样的处理方式并不是很理想。因为客厅是住宅中的公共场所，用于家人和宾客的活动，人来人往非常频繁；而卧室则是主人休息的地方，私密性很强。如果两者之间只用通透的隔断，从客厅一眼就能看见卧室的内情，毫无隐私，会让主客双方都比较尴尬，既不利于客厅活动的顺利进行，也不利于主人休息。

◎客厅与卧室之间不宜做通透的间隔（1）

◎客厅与卧室之间不宜做通透的间隔（2）

值得借鉴的旺家案例

◎电视墙 / 弹涂 + 实木线装饰套　沙发墙 / 密度板雕花

◎顶面 / 石膏板造型　电视墙 / 墙布 + 墙纸 + 灯带

◎电视墙 / 布艺软包 + 实木线装饰套 + 茶镜倒角　沙发墙 / 不锈钢装饰条扣布艺软包　地面 / 地砖拼花

◎电视墙 / 墙纸 + 木饰面板护墙板　地面 / 仿古砖斜铺

◎电视墙 / 石膏板 + 墙纸

◎电视墙 / 大花白大理石 + 木饰面板凹凸背景　沙发墙 / 墙纸 + 木饰面板装饰框 + 茶镜 + 金色不锈钢装饰扣条

◎顶面 / 墙纸　电视墙 / 墙纸 + 木饰面板凹凸背景刷白

◎电视墙 / 墙纸 + 大理石装饰框

◎电视墙 / 墙纸 + 灰镜雕花　隔断 / 密度板雕花刷白

◎电视墙 / 皮纹砖 + 银镜雕花　沙发墙 / 墙纸

◎电视墙 / 木纹大理石 + 茶镜　沙发墙 / 墙纸

◎电视墙 / 木纹大理石 + 墙纸 + 实木线装饰套刷白　沙发墙 / 墙纸

◎电视墙 / 皮质软包 + 茶镜拼菱形 + 实木线装饰套刷白　沙发墙 / 墙纸

◎电视墙 / 布艺软包 + 墙纸 + 实木线装饰套刷白

客厅宜宽敞明亮

客厅在住宅中的地位相当重要，是内外沟通的枢纽，因此宽敞明亮对于客厅而言尤为重要。宽敞明亮的客厅能为家人和客人营造最好的休闲和交流的氛围，因为宽敞则不会压抑，无形中能使人畅所欲言；明亮则阳气充足，能消除客人心理上的顾虑，很容易积聚人气，如此一来，才会让家运稳固。

◎客厅宜宽敞明亮（1）

◎客厅宜宽敞明亮（2）

值得借鉴的旺家案例

◎电视墙 / 墙纸 + 米黄大理石

◎电视墙 / 洞石 + 镂空木雕 + 木饰面板　沙发墙 / 青砖勾白缝

◎顶面 / 墙纸 + 石膏线条　沙发墙 / 墙纸 + 实木半圆线

◎电视墙 / 墙纸 + 木饰面板凹凸背景刷白　地面 / 仿古砖斜铺

◎电视墙 / 墙纸 + 银镜磨花　沙发墙 / 墙纸 + 波浪板

◎电视墙 / 墙纸 + 烤漆玻璃　沙发墙 / 彩色乳胶漆

◎电视墙 / 爵士白大理石 + 密度板雕花贴银镜　沙发墙 / 彩色乳胶漆

◎电视墙 / 彩色乳胶漆 + 墙纸　沙发墙 / 彩色乳胶漆 + 装饰搁板

◎电视墙 / 弹涂 + 茶镜倒角 + 大理石壁炉 + 木饰面板　沙发墙 / 木饰面板

◎顶面 / 石膏板造型 + 木线条　电视墙 / 木饰面板 + 银镜雕花

◎电视墙 / 米黄大理石　沙发墙 / 彩色乳胶漆

◎顶面 / 密度板雕刻刷白　电视墙 / 木纹大理石 + 石膏板嵌茶镜

◎顶面 / 弹涂　电视墙 / 皮纹砖斜铺 + 透光云石

◎电视墙 / 皮纹砖 + 灰镜　沙发墙 / 墙纸

◎顶面 / 石膏板造型　电视墙 / 石膏板造型 + 墙纸

◎电视墙 / 仿古砖 + 咖啡色烤漆玻璃　沙发墙 / 墙纸

◎顶面 / 石膏板造型　电视墙 / 墙纸 + 木饰面板凹凸背景

客厅忌光线昏暗

客厅的光线过强不合适，但是如果光线过于昏暗也不好。这样不仅会因为视线模糊给日常生活带来不便，而且容易使人情绪低落，意志不振。这种环境下，无论家人团聚还是与客人会谈，都会蒙上一层压抑的阴影，不利于家庭关系、人际交往与事业发展。建议适当增加一些辅助光源，尤其是日光灯类的光源，使之映照在天花板和墙面上，也可利用射灯照在装饰画上，都可以起到较好的效果。

◎客厅忌光线昏暗（1）

◎客厅忌光线昏暗（2）

值得借鉴的旺家案例

◎顶面 / 密度板雕花刷白　电视墙 / 灰镜雕花 + 不锈钢装饰扣条 + 墙纸

◎电视墙 / 墙纸 + 银镜倒角　沙发墙 / 墙纸

◎电视墙 / 墙布　沙发墙 / 木饰面板 + 壁龛嵌黑镜

◎电视墙 / 墙纸 + 皮纹砖

◎顶面 / 杉木板凹凸造型刷白　沙发墙 / 墙纸

客厅忌出现墙角正对房门

◎客厅忌出现墙角正对房门（1）

客厅出现墙角正对房门在传统文化中代表某种伤害，会对家运产生不利的影响，要解决这个问题有两个方法：一是尖角变钝角。即将尖角直接改造成圆润的钝角，或是将尖角装饰成圆柱造型；二是变更门的方位。将门移动位置，使其与尖角无法相对。如此一来，尖角不再正对房门，能有利促进家庭成员之间的和谐相处，尤其是夫妻之间的美满幸福，千万不可轻视。

◎客厅忌出现墙角正对房门（2）

◎客厅出现墙角宜装饰成圆柱造型

◎电视墙 / 布艺软包 + 墙纸 + 木线条收口

◎电视墙 / 布艺软包 + 墙纸 + 实木线装饰套刷白　沙发墙 / 墙纸

◎电视墙 / 墙纸 + 密度板雕刻刷白　沙发墙 / 彩色乳胶漆

◎电视墙 / 大花白大理石 + 金属马赛克 + 彩色乳胶漆

◎顶面 / 石膏板造型 + 墙纸　电视墙 / 米黄大理石　沙发墙 / 墙纸

◎电视墙 / 布艺软包 + 黑镜倒角　沙发墙 / 墙纸 + 壁龛造型

◎顶面 / 石膏板造型　电视墙 / 啡网纹大理石 + 木饰面板装饰框刷白 + 银镜　沙发墙 / 墙纸 + 彩色乳胶漆 + 实木线装饰套

◎电视墙 / 墙纸　沙发墙 / 彩色乳胶漆

◎电视墙 / 墙纸 + 布艺软包 + 密度板雕花刷白　沙发墙 / 墙砖

◎电视墙 / 墙纸 + 大花白大理石 + 装饰搁架

◎电视墙 / 石膏板 + 墙纸

◎电视墙 / 墙纸 + 石膏板嵌茶镜

◎电视墙 / 布艺软包 + 茶镜　沙发墙 / 墙纸

◎电视墙 / 墙纸 + 木线条凹凸背景刷白

◎电视墙 / 木饰面板 + 银镜 + 杉木板凹凸背景刷白

客厅出现尖角宜进行化解

◎ 客厅忌出现尖角（1）

在某些户型的设计中，客厅可能会出现尖角的现象。尖角通常让人与刀剑等利器产生联想，造成不愉快的心理感受，久而久之，对家人的健康和财运都有不好的影响。风格协调的屏风，摆放在尖角前，挡住尖角的同时，漂亮的屏风还能美化家居环境。

根据尖角的形状，在外面增加一层木墙进行包裹，尖角就被彻底挡在木墙里面了。

如果尖角不大，可以在尖角前摆放储物柜进行遮挡，柜台上摆设些绿色植物或装饰物。

盆栽也是化解尖角的不错选择，常绿阔叶植物特别是发财树摆放在此通常能化劣为优，给家人带来好运气。

◎ 客厅忌出现尖角（2）

◎ 客厅出现尖角宜摆放储物柜进行化解

◎电视墙 / 墙纸　地面 / 强化地板

◎电视墙 / 米黄大理石斜铺 + 木纹大理石 + 木花格贴银镜

◎电视墙 / 洞石 + 茶镜雕花　沙发墙 / 彩色乳胶漆

◎电视墙 / 墙纸 + 木线条凹凸背景刷白

◎顶面 / 石膏浮雕　电视墙 / 啡网纹大理石 + 银镜拼菱形

◎电视墙 / 大花白大理石 + 黑镜　沙发墙 / 布艺软包 + 银镜倒角

客厅不宜安装白色圆柱

如果客厅面积非常开阔，如别墅的客厅，可以采用立柱进行装饰，增加富丽堂皇的视觉感受，体现出不凡的气派。但如果只是普通住宅，立柱不仅会占用空间阻碍视线，还易给人造成压抑感，对主人一家不利。

需要注意的是，如果条件允许采用立柱装饰的话，切忌不宜选择白色圆柱，因为白色圆柱就像白色蜡烛一样，会让人产生跟丧事相关的的不好联想，很不吉利。

◎客厅不宜安装白色圆柱（1）

◎客厅不宜安装白色圆柱（2）

值得借鉴的旺家案例

◎电视墙/啡网纹大理石＋灰镜

◎电视墙/皮纹砖斜铺＋密度板雕花刷白　沙发墙/墙纸

◎顶面 / 石膏板造型　电视墙 / 彩色乳胶漆 + 密度板雕花刷白

◎电视墙 / 大花白大理石 + 大理石装饰框　沙发墙 / 墙纸

◎电视墙 / 木纹大理石 + 木饰面板凹凸背景刷白　沙发墙 / 墙纸

◎电视墙 / 米黄大理石 + 大理石装饰框 + 大花白大理石

◎电视墙 / 米黄大理石　沙发墙 / 墙纸

◎电视墙 / 墙纸 + 石膏板雕树枝图案　沙发墙 / 墙纸

◎电视墙 / 石膏板拓缝 + 黑色烤漆玻璃　沙发墙 / 彩色乳胶漆

◎顶面 / 实木线收边　电视墙 / 木地板上墙 + 木线条密排

◎电视墙 / 书法墙纸 + 中式木花格

◎电视墙 / 布艺软包 + 黑镜　沙发墙 / 墙纸

◎电视墙 / 石膏板拓缝 + 墙纸 + 黑镜　沙发墙 / 仿古砖

◎电视墙 / 彩色乳胶漆 + 茶镜雕花

◎电视墙 / 米黄大理石 + 黑镜 + 密度板雕刻刷白贴银镜

◎电视墙 / 石膏板 + 彩色乳胶漆

◎电视墙 / 墙纸 + 银镜倒角 + 大理石装饰框　沙发墙 / 木饰面板凹凸背景刷白

客厅的窗户不宜过多

客厅的内外之气主要通过窗户进行流通互换，如果窗户太多，那么进入室内的气流就会变多，会导致室内气流状况不稳定，好像处在风雨飘摇之中，居家生活缺乏安全感，易使人感到紧张，难以松弛。所以客厅开窗的数量宜适中，应根据整体的居室面积来妥善确定。

◎客厅的窗户不宜过多（1）

◎客厅的窗户不宜过多（2）

值得借鉴的旺家案例

◎电视墙 / 墙纸 + 回纹线条雕刻 + 木花格贴茶镜

◎电视墙 / 墙纸　隔断 / 月亮门

◎电视墙 / 布艺软包 + 壁龛造型不锈钢包边　沙发墙 / 墙纸

◎电视墙 / 石膏板 + 墙纸　隔断 / 密度板雕刻刷白

◎顶面 / 石膏板造型　电视墙 / 墙纸 + 不锈钢装饰扣条

◎电视墙 / 墙纸 + 石膏板造型 + 木线条凹凸背景刷白

◎电视墙 / 米黄大理石 + 马赛克 + 不锈钢装饰扣条　沙发墙 / 墙纸

◎电视墙 / 墙纸 + 银镜 + 实木线装饰套

◎电视墙 / 布艺软包 + 木饰面板装饰框刷白 + 墙纸

◎电视墙 / 皮纹砖 + 灰镜 + 木饰面板　沙发墙 / 彩色乳胶漆

◎顶面 / 装饰木梁　电视墙 / 米黄大理石 + 密度板雕花刷白贴银镜

◎电视墙 / 墙纸　沙发墙 / 墙纸

◎电视墙 / 墙纸 + 黑镜 + 木线条收口

◎电视墙 / 皮质软包 + 木线条收口 + 水曲柳木饰面板套色

客厅忌用过多黑色

◎客厅忌用过多黑色

不少年轻业主喜欢用黑色来大面积地装饰客厅，点缀墙身、地板、门窗，甚至连沙发、茶几等家具也选用黑色的，认为这样才能表现出与众不同的品位。但从传统观点来看，黑色过多会破坏室内的阴阳平衡，长期居住在这样的环境中，会让居住者的性格变得孤僻，意志消沉，影响居住者的正常生活和健康状况，并不是非常可取的。

值得借鉴的旺家案例

◎电视墙 / 布艺软包 + 木线条收口 + 黑镜　沙发墙 / 墙纸

◎电视墙 / 皮质软包 + 木线条收口　沙发墙 / 墙纸

◎电视墙 / 墙纸 + 彩色乳胶漆　沙发墙 / 墙纸

◎电视墙 / 白色乳胶漆 + 墙贴

◎电视墙 / 墙纸 + 茶镜拼菱形 + 木线条收口　沙发墙 / 墙纸

◎电视墙 / 石膏板拓缝 + 马赛克　沙发墙 / 墙纸

◎电视墙 / 墙纸 + 不锈钢装饰扣条 + 大理石壁炉

◎电视墙 / 米黄大理石 + 银镜雕花 + 实木线装饰套刷白　沙发墙 / 墙纸

客厅吊顶忌让人感觉压抑

如果说客厅吊顶会使人感觉到压抑，一般是色彩、造型、高度和光线等几方面因素造成的。色彩太重，视觉上会有头重脚轻的感受；造型太复杂，也会让人感觉头顶压力过大，精神无法得到放松；层高太低，偏要做成复式吊顶，会让人产生一种天塌下来的强烈压迫感；光线搭配不好，如灯光过于昏暗或射灯、强光源的长时间影响，容易使人情绪低落，甚至产生不良的心理作用。所以在装饰吊顶时，一定要考虑上面这几个因素的综合效果，合理搭配设计。

◎客厅吊顶忌让人感觉压抑（1）

◎客厅吊顶忌让人感觉压抑（2）

值得借鉴的旺家案例

◎顶面 / 木网格　电视墙 / 墙纸 + 回纹线条木雕　沙发墙 / 艺术屏风

◎电视墙 / 啡网纹大理石 + 墙纸　沙发墙 / 墙纸 + 装饰挂件

◎顶面 / 石膏板造型　电视墙 / 米黄大理石斜铺

◎电视墙 / 石膏板拓缝 + 金色不锈钢装饰扣条 + 密度板雕花贴银镜

◎电视墙 / 木饰面板 + 黑色烤漆玻璃　沙发墙 / 墙纸

◎电视墙 / 彩色乳胶漆 + 银镜拼菱形 + 大理石装饰框

◎电视墙 / 皮纹砖 + 墙纸

◎电视墙 / 皮质硬包 + 石膏罗马柱　沙发墙 / 墙纸

◎电视墙 / 金箔墙纸 + 实木线收边　沙发墙 / 洞石 + 木饰面板

◎电视墙 / 墙纸 + 木饰面板 + 波浪板　沙发墙 / 墙砖倒角

◎电视墙 / 仿古砖 + 茶镜 + 黑白根大理石　沙发墙 / 灰色乳胶漆

◎电视墙 / 皮纹砖 + 墙纸 + 木线条收口　沙发墙 / 墙纸

◎顶面 / 石膏浮雕　电视墙 / 米白大理石 + 墙纸 + 实木线装饰套刷白

◎电视墙 / 墙纸 + 不锈钢装饰扣条

◎电视墙 / 墙纸 + 大理石线条收口　沙发墙 / 墙纸

◎电视墙 / 墙纸 + 大理石装饰框 + 密度板雕花贴茶镜

◎电视墙 / 墙纸 + 木线条收口

层高过低的客厅不宜做吊顶

客厅层高过低，是指从地面到天花板不足 2.6 米。这样的层高不适合做造吊顶。否则在视觉上会使人感到紧张、压抑，影响气的流通而令居住者产生不适的感觉，进而影响到日常生活和工作的情绪。

◎层高过低的客厅不宜做吊顶

◎客层高过低的客厅宜用石膏顶角线装饰

值得借鉴的旺家案例

◎顶面 / 石膏板嵌黑镜　电视墙 / 墙纸

◎电视墙 / 木纹砖 + 木饰面板　沙发墙 / 墙纸

◎顶面 / 石膏板造型　电视墙 / 米黄大理石 + 实木线装饰套　沙发墙 / 布艺软包

◎电视墙 / 石膏板拓缝 + 墙纸

◎电视墙 / 布艺软包 + 墙纸　沙发墙 / 墙纸

◎电视墙 / 布艺软包 + 银镜倒角　沙发墙 / 藤编墙纸 + 木线条收口

◎电视墙 / 墙纸 + 石膏板造型 + 灯带

◎电视墙 / 米黄大理石 + 墙纸 + 大理石线条收口

◎顶面 / 石膏板造型　电视墙 / 彩色乳胶漆

◎电视墙 / 石膏板拓缝　沙发墙 / 米黄大理石 + 木饰面板装饰框刷白

◎电视墙 / 木饰面板凹凸背景刷白　沙发墙 / 布艺软包

◎电视墙 / 石膏板拓缝 + 彩色乳胶漆 + 墙纸　沙发墙 / 墙纸

◎电视墙 / 木线条密排 + 白色乳胶漆　沙发墙 / 墙纸

◎电视墙 / 仿砖纹墙纸 + 木线条收口 + 灰镜　沙发墙 / 墙纸

客厅吊顶宜保持明亮

明亮的吊顶象征诸事明朗，前途光明，因此务必要保持客厅的吊顶处于充足的光线条件下。很多现代建筑的客厅都采用落地窗户，自然光线比较充足，平时只要没有太阳直射的时候，应尽量拉开窗帘让光线进来，使吊顶以及整个房间处于明亮的光照环境中。另外，客厅的吊顶上应合理安装各类光源，以便在天气阴暗和夜晚的时候，保证客厅各个角落都是明亮的。

◎客厅吊顶宜保持明亮

◎客厅吊顶忌光线不足

值得借鉴的旺家案例

◎电视墙 / 洞石 + 马赛克　沙发墙 / 布艺软包 + 银镜

◎电视墙 / 墙纸 + 灰镜　沙发墙 / 灰色乳胶漆

◎电视墙 / 石膏板拓缝 + 茶镜雕花 + 木线条凹凸背景

◎顶面 / 木线条造型　电视墙 / 木纹大理石 + 木花格贴墙纸

◎电视墙 / 墙纸 + 茶镜倒角 + 实木线装饰套刷白　沙发墙 / 彩色乳胶漆

◎电视墙 / 墙纸 + 实木线装饰套刷白　沙发墙 / 墙纸

◎顶面 / 木饰面板　电视墙 / 墙纸　沙发墙 / 墙纸

◎电视墙 / 布艺软包 + 大理石装饰框　沙发墙 / 墙纸 + 实木线装饰套

客厅吊顶的颜色宜比地面浅

遵循天轻地重的传统文化，客厅吊顶应尽量选用浅一点的颜色，如浅蓝色，就像头顶清澈的蓝天一样；如果采用白色则像悠悠白云一般带来舒缓的心情。当客厅地面采用浅色系时，吊顶的颜色应该比地面的颜色更浅，否则轻重不分，象征居住者做事颠三倒四、毫无章法。

◎客厅吊顶的颜色宜比地面浅

◎客厅吊顶的颜色不宜过深

值得借鉴的旺家案例

◎顶面 / 实木线收边　电视墙 / 墙砖 + 木饰面板

◎电视墙 / 墙纸 + 木格栅　沙发墙 / 墙纸

◎电视墙 / 石膏板拓缝 + 密度板雕刻刷白贴灰镜　沙发墙 / 墙纸

◎电视墙 / 木纹大理石 + 密度板雕刻刷白贴灰镜　沙发墙 / 墙纸

◎电视墙 / 不锈钢装饰扣条 + 木饰面板 + 布艺软包 + 茶镜

◎电视墙 / 红砖刷白　沙发墙 / 彩色乳胶漆

◎电视墙 / 米黄墙砖 + 实木线装饰套　沙发墙 / 彩色乳胶漆

◎顶面 / 中式木花格　电视墙 / 米黄大理石 + 实木角花 + 墙纸

◎电顶面 / 石膏板造型 + 金箔墙纸　电视墙 / 米黄大理石斜铺 + 大理石装饰框 + 波浪板

◎电视墙 / 布艺软包 + 实木线装饰套刷白　沙发墙 / 木饰面板 + 银镜

◎电视墙 / 墙纸 + 石膏板造型　沙发墙 / 墙纸

◎电视墙 / 木纹大理石 + 啡网纹大理石　沙发墙 / 墙纸

◎电视墙 / 米黄大理石　沙发墙 / 墙纸 + 砂岩浮雕

◎电视墙 / 石膏板拓缝 + 黑色烤漆玻璃　沙发墙 / 墙纸

◎电视墙 / 米黄大理石 + 墙纸 + 木饰面板装饰框刷白　沙发墙 / 弹涂

◎电视墙 / 木纹大理石 + 银镜雕花

◎电视墙 / 墙纸 + 石膏板造型

客厅吊顶不宜安装过大的镜面

普通公寓住宅中，客厅吊顶不建议镶嵌大块的镜面，是从以下三方面考虑的：

1. 从传统观念来看，因为镜子中会反映出跟地面一样的物体倒影，形成天地混沌不开的景况，违背了自然规律，会让家运停滞不前。

2. 从心理层面来说，头顶镜子中的影像会让人尤其是老人和小孩产生错觉，影响身心健康。

3. 从安全层面考虑，玻璃和镜子都只能用胶水或者镜钉来固定，牢固性不如石膏板和木质材料，加上自重大，又是易碎品，很容易发生坠落而伤人，应该尽量避免。

◎客厅吊顶不宜安装过大的镜面（1）

◎客厅吊顶不宜安装过大的镜面（2）

值得借鉴的旺家案例

◎电视墙 / 水曲柳木饰面板套色 + 黑镜　沙发墙 / 不锈钢装饰扣条

◎电视墙 / 墙纸 + 银镜拼菱形 + 实木线装饰套　沙发墙 / 彩色乳胶漆

◎电视墙 / 大花白大理石 + 石膏罗马柱 + 墙纸　沙发墙 / 墙纸 + 实木线装饰套刷白

◎电视墙 / 墙纸 + 爵士白大理石　沙发墙 / 彩色乳胶漆

◎电视墙 / 墙纸 + 黑镜雕花　沙发墙 / 彩色乳胶漆

客厅沙发顶上出现横梁宜进行化解

客厅的沙发上方有横梁，会影响家人与来客交流谈话的融洽气氛，甚至还会影响到全家人的运程。因此，出现这种情况是必须进行改造的。一个方法是做吊顶把横梁包起来，看不见为净，从而减少横梁压顶的不利影响；另一个方法是在沙发两端的茶几上各摆放一盆开运竹，取节节高升的吉祥寓意，将横梁的压力顶回去。但注意如果采用这种方法的话，要保证开运竹一年四季常青，不断生长，欣欣向荣。

◎客厅沙发顶上忌出现横梁（1）

◎客厅沙发顶上忌出现横梁（2）

值得借鉴的旺家案例

◎电视墙 / 墙纸 + 石膏板 + 灰镜

◎电视墙 / 木纹大理石凹凸铺贴　沙发墙 / 彩色乳胶漆

◎电视墙 / 洞石 + 黑金砂大理石　沙发墙 / 墙纸

◎电视墙 / 墙砖　地面 / 强化地板

◎电视墙 / 米黄大理石 + 黑镜 + 不锈钢装饰扣条　沙发墙 / 墙纸

◎电视墙 / 墙纸　沙发墙 / 墙纸

◎电视墙 / 墙纸 + 茶镜雕花　沙发墙 / 彩色乳胶漆

◎电视墙 / 布艺软包 + 墙纸 + 不锈钢装饰扣条　沙发墙 / 墙纸

◎电视墙 / 洞石 + 木饰面板凹凸背景刷白　沙发墙 / 彩色乳胶漆

◎顶面 / 黑镜收边吊顶线　电视墙 / 彩色乳胶漆 + 墙纸　沙发墙 / 墙纸

◎电视墙 / 石膏板拓缝 + 墙纸　沙发墙 / 墙纸

◎电视墙 / 木饰面板抽缝 + 黑色烤漆玻璃

◎电视墙 / 大花白大理石 + 马赛克 + 布艺软包　沙发墙 / 墙纸 + 实木半圆线

◎电视墙 / 皮纹砖 + 皮质软包　沙发墙 / 彩色乳胶漆 + 黑镜

◎电视墙 / 白色乳胶漆 + 实木半圆线刷蓝漆

◎电视墙 / 墙纸 + 茶镜雕花 + 镂空木雕屏风　沙发墙 / 仿古砖

◎电视墙 / 墙纸 + 木花格

客厅沙发上方不宜安装吊柜

在面积较小的客厅里安装各类储物柜增加收纳空间是非常实用的设计形式，但有些业主选择在沙发上方安装吊柜，这种做法类似横梁压顶，是非常忌讳的，会让坐者有压抑之感，也会对家人的运势产生不利影响。

◎客厅沙发上方不宜安装吊柜（1）

◎客厅沙发上方不宜安装吊柜（2）

值得借鉴的旺家案例

◎电视墙 / 石膏板拓缝 + 墙纸　沙发墙 / 彩色乳胶漆

◎电视墙 / 布艺软包 + 米黄大理石 + 墙纸 + 石膏罗马柱

◎电视墙 / 布艺软包 + 实木线装饰套刷白　沙发墙 / 墙纸

◎电视墙 / 墙纸 + 金属马赛克　沙发墙 / 墙纸

◎电视墙 / 墙砖倒角 + 黑镜　沙发墙 / 石膏板拓缝

◎电视墙 / 石膏板拓缝 + 墙纸

◎电视墙 / 墙砖斜铺 + 墙纸 + 实木线装饰套

◎电视墙 / 米黄墙砖　沙发墙 / 墙纸

◎电视墙 / 皮质软包 + 墙纸 + 实木线装饰套刷白　沙发墙 / 米黄大理石

◎电视墙 / 仿古砖 + 木饰面板　沙发墙 / 仿古砖 + 彩色乳胶漆

◎电视墙 / 黑镜雕花 + 墙纸 + 彩色乳胶漆

◎电视墙 / 洞石 + 银镜　沙发墙 / 墙纸

◎电视墙 / 墙纸 + 皮质硬包 + 木线条收口　沙发墙 / 镂空木雕屏风

◎电视墙 / 木纹大理石 + 木线条密排　沙发墙 / 墙纸

◎电视墙 / 大花白大理石 + 波浪板　沙发墙 / 墙纸 + 实木线装饰套

◎电视墙 / 洞石拉缝 + 大理石装饰框　沙发墙 / 墙纸 + 黑镜

◎电视墙 / 啡网纹大理石 + 大理石装饰框 + 米黄大理石　沙发墙 / 墙纸

客厅沙发背后忌安装大镜

客厅沙发背后如果安装大镜，人坐在沙发上的时候，旁人从镜子中可清楚地看到坐者的后脑，会让坐者缺乏安全感，继而导致精神不宁，坐而不安。但如果镜子在旁边而不在正后方，后脑不会从镜子中反照出来，那便无大碍。

◎客厅沙发背后忌安装大镜（1）

◎客厅沙发背后忌安装大镜（2）

值得借鉴的旺家案例

◎电视墙 / 彩色乳胶漆　沙发墙 / 墙纸

◎顶面 / 石膏板嵌茶镜　电视墙 / 墙砖 + 墙纸　沙发墙 / 木地板上墙

◎电视墙 / 彩色乳胶漆　沙发墙 / 墙纸

◎顶面 / 石膏板拓缝 + 金色镜面玻璃　电视墙 / 米黄大理石

◎电视墙 / 墙纸 + 黑镜　沙发墙 / 彩色乳胶漆

◎电视墙 / 墙纸 + 彩色乳胶漆 + 实木线装饰套刷白

◎电视墙 / 墙纸　沙发墙 / 墙纸

◎电视墙 / 墙纸 + 啡网纹大理石　沙发墙 / 彩色乳胶漆 + 实木线装饰套

客厅摆设镜子宜方位恰当

如果在客厅里摆设镜子，且方位恰当，可以营造出宽敞的空间感，还可以增加明亮度，比如在视觉的死角或光线暗角，以块状或条状为宜。另外，因为镜子具有反射功能，能增加出数倍的能量而为家居带来好运，前提是必须让镜子放置在能反映出赏心悦目的影像处。

虽然在家居装饰中运用镜子有其独特的优势，但也有一些禁忌要注意，例如，忌相同面积和形状的镜子两两相对，否则镜中重复出现的影像会让人产生不舒服的感觉；此外，镜子不可对窗，如窗外有人家，则对人家不利，如无人家，则对己不利，并且外部如果有光线进来，会因为发射太强的光线而影响视觉。

◎客厅摆设镜子宜方位恰当（1）

◎客厅摆设镜子宜方位恰当（2）

值得借鉴的旺家案例

◎电视墙 / 墙纸 + 木饰面板装饰框刷白

◎电视墙 / 木地板上墙 + 黑镜

◎顶面 / 实木角花 + 实木线收边　电视墙 / 洞石

◎电视墙 / 墙纸 + 密度板雕刻贴金色镜面玻璃 + 实木线装饰套

◎电视墙 / 墙砖 + 茶镜

◎电视墙 / 大花白大理石 + 大理石线条　沙发墙 / 墙纸

◎电视墙 / 墙纸 + 木线条收口　沙发墙 / 彩色乳胶漆

◎电视墙 / 彩色乳胶漆 + 大花绿大理石 + 灯带

◎电视墙 / 仿古砖 + 布艺软包 + 不锈钢装饰扣条 + 洞石　沙发墙 / 仿古砖 + 黑镜

◎电视墙 / 大理石斜铺 + 大理石装饰框 + 马赛克　沙发墙 / 墙纸

◎电视墙 / 木饰面板凹凸背景刷白 + 大理石装饰框 + 密度板雕花贴银镜

◎电视墙 / 石膏板造型 + 墙纸

◎电视墙 / 布艺软包 + 木饰面板　沙发墙 / 墙纸

◎电视墙 / 墙纸 + 灯带　沙发墙 / 墙纸

◎电视墙 / 墙纸 + 实木线装饰套刷白　沙发墙 / 彩色乳胶漆

◎电视墙 / 墙纸　地面 / 强化地板

◎电视墙 / 墙纸　地面 / 抛光砖

客厅宜根据方位确定墙面色彩

位于住宅东边的客厅，淡蓝色或淡紫色墙面色彩比较合适；位于住宅南边的客厅，墙面则适宜采用浅绿色；位于住宅西边的客厅，白色墙面比较理想；位于住宅北边的客厅，墙面宜用淡绿色及水蓝色；位于住宅东北边及西南边的客厅，浅黄色墙面能带来好运气；位于住宅西北边及东南边的客厅，墙面同样适用白色。

◎住宅东边的客厅墙面宜用淡蓝色

◎住宅南边的客厅墙面宜用浅绿色

◎住宅西边的客厅墙面宜用白色

◎住宅北边的客厅墙面宜用水蓝色

◎电视墙 / 墙纸 + 木线条收口　沙发墙 / 彩色乳胶漆

◎电视墙 / 墙纸 + 银镜雕花 + 实木线装饰套刷白　沙发墙 / 彩色乳胶漆

◎电视墙 / 墙纸　沙发墙 / 彩色乳胶漆

客厅采用墙裙装饰宜注意整体搭配

有条件的家庭在客厅使用墙裙，可以保护墙面不被磨损，特别是家中有小孩的话，在墙裙上涂鸦也比较容易清洗，如果采用的是木质墙裙，其温和天然的质地还能有效保护孩子减轻磕碰或有害物质带来的伤害，因此墙裙也是一种不错的旺家元素。不过在运用时要注意，墙裙与墙面颜色的过渡需自然，胡乱搭配会影响整体风格，也会阻碍好运气的到来。此外，如果客厅面积比较小，装饰墙裙会使空间看起来更拥挤，气场更压抑，所以不建议采用。考虑到墙裙的成本比较高，也可以选择用踢脚线代替墙裙，同样能起到保护墙面的作用。

◎客厅采用墙裙装饰宜注意整体搭配（1）

◎客厅采用墙裙装饰宜注意整体搭配（2）

值得借鉴的旺家案例

◎电视墙 / 石膏板造型 + 墙纸 + 灯带

◎电视墙 / 大花白大理石 + 黑色烤漆玻璃　沙发墙 / 红砖刷白

◎顶面 / 木地板上墙 电视墙 / 木饰面板 沙发墙 / 墙纸

◎电视墙 / 木线条刷白 + 彩色乳胶漆

◎电视墙 / 墙纸 + 装饰搁板 沙发墙 / 杉木护墙板刷银漆

◎电视墙 / 墙纸 沙发墙 / 灰镜雕花 + 木线条收口

◎电视墙 / 墙纸 + 灰镜雕花 + 不锈钢装饰扣条 沙发墙 / 彩色乳胶漆

◎顶面 / 银箔墙纸 电视墙 / 墙纸 + 马赛克拼花

◎电视墙 / 大花白大理石 + 黑色烤漆玻璃　沙发墙 / 墙纸 + 大理石装饰框

◎顶面 / 石膏板造型　电视墙 / 米黄大理石

◎电视墙 / 石膏板拓缝 + 装饰搁板

◎电视墙 / 灰色乳胶漆　地面 / 抛光砖

◎电视墙 / 石膏板拓缝 + 银镜 + 墙纸 + 灯带

◎电视墙 / 木纹大理石 + 黑镜 + 木线条收口　沙发墙 / 墙纸

◎电视墙 / 墙纸 + 皮质硬包 + 不锈钢装饰扣条

◎电视墙 / 墙纸 + 大理石装饰框

◎电视墙 / 石膏板 + 黑镜雕花

客厅的走道宜通畅

无论是连接客厅的走道还是客厅中划分出来的过道，都应满足以下三点，主人一家才能收获愉快的心情和好运气：

1. 行走流畅。避免让杂物或过大的家具占用过道空间，否则日常通行时会非常不便。这种情况很容易形成主人事业“走弯路”的不吉暗喻。
2. 光线充足。避免过大的家具阻挡自然光线的照射，使过道和客厅空间的采光昏暗，影响家运。
3. 干净整洁。过道上必须保持整洁，切忌堆放杂物。否则会影响客厅与外界的气流互换，导致客厅中充斥大量影响身体健康的废气，并形成主人运势凝滞不前的不利征兆。

◎客厅的走道宜通畅（1）

◎客厅的走道宜通畅（2）

值得借鉴的旺家案例

◎电视墙 / 木饰面板抽缝　沙发墙 / 彩色乳胶漆

◎电视墙 / 石膏板 + 墙纸 + 石膏板拓缝　沙发墙 / 灰色乳胶漆

◎电视墙 / 木花格贴墙纸 + 木花格贴透光云石　沙发墙 / 墙纸

◎顶面 / 木线条密排吊顶线　电视墙 / 装饰方柱

◎电视墙 / 墙纸　地面 / 抛光砖

◎顶面 / 石膏板拓缝　电视墙 / 墙纸　沙发墙 / 墙纸

◎电视墙 / 大花白大理石 + 布艺软包 + 黑镜　沙发墙 / 墙纸

◎电视墙 / 仿古砖 + 米黄大理石　沙发墙 / 墙纸

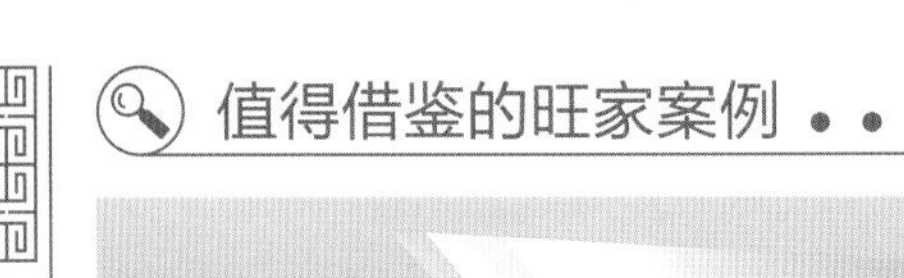

◎电视墙 / 木纹大理石 + 实木线装饰套刷银漆　沙发墙 / 墙纸

◎电视墙 / 石墙纸 + 石膏板造型　沙发墙 / 彩色乳胶漆

◎电视墙 / 墙纸 + 木纹大理石 + 灰镜

◎顶面 / 石膏板造型　电视墙 / 砂岩浮雕 + 实木线装饰套

◎电视墙 / 木线条密排　地面 / 抛光砖

◎电视墙 / 墙纸 + 灰镜雕花 + 木饰面板装饰框刷白　沙发墙 / 墙纸

◎电视墙 / 水曲柳木饰面板套色 + 银镜雕花 + 仿古砖　沙发墙 / 墙纸

◎电视墙 / 墙纸 + 彩色乳胶漆　地面 / 仿古砖斜铺

◎电视墙 / 石膏板 + 墙纸　沙发墙 / 墙纸

客厅地面忌高低不平

客厅地面是日常生活中要不断踩踏的，一定要平整而踏实，这也象征着一家人的生活道路平坦顺畅。有些客厅采用高低层次分区的设计，使地面高低有明显的变化，这样不仅会对家中的老人或小孩造成不便，而且在传统文化上暗喻家运坎坷、事业辛苦吃力。另外，如果以后客厅需要重新摆设，家具位置发生变动，高出的地面也会很难处理，因此，这种装修方法应当尽量避免。

◎客厅地面忌高低不平（1）

◎客厅地面忌高低不平（2）

值得借鉴的旺家案例

◎电视墙 / 墙纸 + 布艺软包 + 木饰面板装饰框刷白　沙发墙 / 墙纸

◎电视墙 / 石膏板凹凸背景 + 彩色乳胶漆

◎电视墙 / 米黄大理石 + 大理石装饰框 + 墙纸　沙发墙 / 布艺软包 + 大理石装饰框

◎电视墙 / 仿古砖 + 大理石装饰框　沙发墙 / 墙纸

◎电视墙 / 书法墙纸 + 实木角花　沙发墙 / 装饰挂件

客厅地面忌太光滑

光滑的客厅地面亮度比较高，看起来非常整洁明亮，让家居装饰更有档次，因此不少家庭会选择光滑明亮的地砖或常把客厅地面打磨得十分光滑。其实，从家居生活的安全角度来说，客厅地面材料应该要有一定的防滑功能，才能避免不必要的意外伤害，太过光滑会导致家人滑倒受伤。

◎客厅地面忌太光滑（1）

◎客厅地面忌太光滑（2）

值得借鉴的旺家案例

◎电视墙 / 布艺软包 + 大理石装饰框 + 银镜拼菱形　沙发墙 / 墙纸

◎电视墙 / 墙砖斜铺 + 壁龛造型 + 茶镜　沙发墙 / 墙纸

◎电视墙 / 墙砖 + 墙纸 + 实木线装饰套刷白　沙发墙 / 彩色乳胶漆

◎电视墙 / 墙纸 + 大花白大理石　沙发墙 / 皮质软包 + 大理石装饰框

◎电视墙 / 木纹大理石 + 黑色烤漆玻璃　沙发墙 / 木饰面板抽缝

◎电视墙 / 木纹大理石 + 茶镜雕花　沙发墙 / 彩色乳胶漆

◎电视墙 / 墙纸 + 木线条打方框刷白　沙发墙 / 墙纸

◎电视墙 / 墙砖 + 银镜磨花　沙发墙 / 墙纸

◎电视墙 / 米黄大理石斜铺 + 大理石装饰框 + 木饰面板　沙发墙 / 墙纸

◎电视墙 / 弹涂 + 石膏罗马柱 + 马赛克　沙发墙 / 彩色乳胶漆

◎电视墙 / 墙纸 + 实木线装饰套刷白 + 木饰面板凹凸背景刷白

◎电视墙 / 木纹大理石 + 墙纸

◎电视墙 / 墙纸 + 木饰面板 + 实木线装饰套　沙发墙 / 墙纸

◎电视墙 / 墙纸 + 中式木花格　沙发墙 / 实木线装饰套

◎电视墙 / 墙纸 + 木饰面板　沙发墙 / 墙纸

◎电视墙 / 皮质软包 + 大理石装饰框　沙发墙 / 墙纸

◎电视墙 / 石膏板造型 + 墙纸　沙发墙 / 墙纸 + 波浪板

客厅地面的颜色不宜太暗

传统意义而言，喜亮不喜暗是家居环境的特色，所以客厅地面应多用浅淡明亮的颜色，如米白、淡黄等。过深过暗的地面，不但令居住者的心情压抑沉重，也会让地面上的灰尘污垢不容易被发现，造成客厅藏污纳垢的不利局面。另外，地面最好不要太亮，太亮会反射光线非常强烈，让人看起来感觉不舒服，影响视觉感受的和谐，严重的话还会对人眼造成伤害。

◎客厅地面的颜色不宜太暗（1）

◎客厅地面的颜色不宜太暗（2）

值得借鉴的旺家案例

◎顶面 / 石膏板造型　电视墙 / 石膏板拓缝 + 墙纸

◎电视墙 / 墙纸 + 木饰面板

◎电视墙 / 木饰面板 + 墙砖 + 灯带　沙发墙 / 墙纸

◎电视墙 / 墙纸 + 中式木花格贴茶镜　沙发墙 / 木纹大理石 + 砂岩浮雕

◎电视墙 / 布艺软包 + 银镜雕花　沙发墙 / 墙砖倒角

◎电视墙 / 皮纹砖 + 银镜雕花　沙发墙 / 墙纸

◎电视墙 / 米黄大理石 + 黑镜　沙发墙 / 墙纸

◎电视墙 / 墙纸 + 茶镜 + 石膏板拓缝　沙发墙 / 墙纸

客厅地面忌乱用立体几何图案

立体几何图案或色彩深浅不一往往会让人产生高低不平的错觉。如果用在客厅地面，将会给家人带来心理干扰，落脚时必须要小心翼翼，而且瞬间的视差还容易让人行走时迈步不稳甚至摔倒，所以有老人或小孩的家庭不宜选用图案过于复杂的客厅地面材料。

◎客厅地面忌乱用立体图案（1）

◎客厅地面忌乱用立体图案（2）

值得借鉴的旺家案例

◎电视墙 / 墙纸　沙发墙 / 白色乳胶漆

◎电视墙 / 木纹大理石 + 墙纸 + 大理石线条收口

◎电视墙 / 木饰面板　隔断 / 装饰方柱

◎电视墙 / 墙砖 + 银镜雕花

◎电视墙 / 墙纸 + 银镜雕花 + 装饰方柱刷白

◎顶面 / 石膏板拓缝　电视墙 / 墙纸 + 实木线装饰套 + 灯带

◎顶面 / 石膏板造型　电视墙 / 彩色乳胶漆

◎电视墙 / 米白大理石 + 木饰面板

◎电视墙 / 墙纸　沙发墙 / 彩色乳胶漆 + 壁龛嵌灰镜

◎电视墙 / 布艺硬包 + 银镜倒角 + 大理石线条收口　沙发墙 / 墙砖

◎电视墙 / 白色乳胶漆 + 银镜雕花